BIBLIOTHÈQUE

DE

L'AMATEUR CHAMPENOIS.

Tiré à 160 exemplaires numérotés :

120 sur papier vergé,
10 sur papier rose,
10 sur papier vélin,
20 sur papier chamois.

N°

Bibliothèque de l'Amateur Champenois.

CONSTRUCTION

D'UNE

NOTRE-DAME

AU XIIIᵉ SIÈCLE,

suivie des

COMPTES DE L'ŒUVRE DE L'ÉGLISE DE TROYES

AU XIVᵉ SIÈCLE,

Par l'Auteur des ARCHIVES CURIEUSES DE LA CHAMPAGNE.

A PARIS

CHEZ AUG. AUBRY, LIBRAIRE, RUE DAUPHINE, 16.

M D CCC LVIII.

A

MONSIEUR GENREAU,

JUGE AU TRIBUNAL CIVIL DE LA SEINE,

CHEVALIER DE LA LÉGION-D'HONNEUR,

et

MEMBRE DU CONSEIL GÉNÉRAL DU DÉPARTEMENT D'EURE-ET-LOIR,

EN TÉMOIGNAGE

de mon Respect et de ma Reconnaissance.

ALEXANDRE ASSIER.

AVERTISSEMENT.

Lorsque je vis à Chartres, en **1845**, cette majestueuse cathédrale dont la renommée s'est depuis si longtemps propagée dans toutes les contrées, je demandai le nom de l'habile architecte dont le génie prodigieux avait conçu le plan de cet admirable chef-d'œuvre. Un bruit étrange circulait alors dans la vieille capitale de la Beauce. Fulbert, disait-on, non-seulement a réparé la crypte des Druides, mais a même dirigé la construction de Notre-Dame, telle qu'elle se dresse sur l'antique colline des Carnutes. Des archéologues essayaient bien de se récrier sur la date, d'attribuer cette merveilleuse conception au XIIIe siècle ; mais à ces incrédules on répondait victorieusement en montrant sur les portails la statue du saint prélat, sous *les pieds* duquel les artistes ont placé une petite basilique *comme* le témoignage le plus manifeste de son génie constructeur.

Frappé de cette anomalie, je compulsai de vieux manuscrits, j'ouvris le *Poème des Miracles de Notre-Dame de Chartres*, et à l'aide des bienveillantes communications et des savantes recherches de M. l'abbé Pie, vicaire général (1), et de M. Benoît, j'acquis la preuve d'un incendie en **1194**, et de la reconstruction

<hr>

(1) Depuis appelé au siége épiscopal de Poitiers.

de la basilique sous le règne de Saint-Louis. Admirateur de l'art gothique, je voulus étudier le majestueux édifice, lire la grande épopée qui se déroule sur ses portails et qui se continue sur ses vitraux, contempler ses délicieuses sculptures et ses flèches aériennes, et, de plus, assister à ces solennités du moyen-âge où les pélerins venaient si nombreux qu'ils encombraient l'église et la cité. Ces recherches m'ont permis de reconnaître l'immense renommée de Notre-Dame et de constater les prodigieux efforts des artistes du XIIIᵉ siècle, à la mémoire desquels j'espère bientôt consacrer le fruit de mes travaux.

Gouvernée par de nobles comtes, alliés à ceux de Chartres, la Champagne a vu s'élever de belles cathédrales, et a même contribué largement à la construction de Notre-Dame. Moins heureuses, nos basiliques n'ont point rencontré de poètes qui ont chanté leur brillante résurrection, mais elles conservent de précieux registres du XIVᵉ siècle, sur lesquels figurent « les dépenses faites pour leur achèvement et leur décoration. »

Assistant à la reconstruction d'une église privilégiée, dans une ville aimée de la Champagne, nous nous retracerons plus fidèlement ce temps héroïque où la foi couvrait le sol de magnifiques monuments, et élevait Notre-Dame de Reims, Saint-Etienne de Sens et Saint-Pierre de Troyes. A l'aide des registres de la cathédrale de notre vieille capitale, nous verrons l'œuvre, non point achevée comme à Chartres, mais se poursuivant lentement. Cette exploration, dans des temps antiques, nous rappelera le zèle de nos bons aïeux et nous rendra leur mémoire plus chère.

Troyes, 10 Juin 1858.

INCENDIE ET CONSTRUCTION

DE

NOTRE-DAME DE CHARTRES

AU XIIIᵉ SIÈCLE.

I.

INCENDIE DE NOTRE-DAME DE CHARTRES.

— 1194. —

Moult fu grant douleur dou veoir
Telle iglise ardoir et cheoir.

(Miracles de Notre-Dame de Chartres, p. 20.)

Reconstruite par le célèbre Fulbert, au commencement du xiᵉ siècle, fréquentée par une foule prodigieuse de pélerins accourus de toutes les provinces pour vénérer sa madone privilégiée, la cathédrale de Chartres, décorée de belles croisées ogivales, de magnifiques verrières au milieu du xiiᵉ siècle par des corporations normandes, élevait au ciel ses tours mystiques, lorsqu'un violent incendie vint la consumer, l'an de grâce 1194, sous le règne de Philippe-Auguste. La ville elle-même, où tout retentissait du nom de Marie (1), fut dévorée par les flammes.

Par celui feu. . . . . . .
Perdirent muebles et mesons

(1) *Carnotum ubi omnia Mariam sonant,* de Chasseneux, *Catalogus gloriæ mundi,* Lyon, 1629, in-fol.

> Cil de la ville clerc et lei (1)....
> Et leur avoirs et leur richesces
> Dont leur cuers (2) furent en detresces (3),
> Moult se doulurent de leur pertes,
> Mes ne fu pas douleur acertes (4)
> Envers la douleur de l'iglise
> Qui si ert (5) destruite et maumise (6).
> Celui domage tant pleignoient
> Que leur domages oblioient,
> Nul son domage ne reproche
> Car grant doulour au cuer leur toche
> De leur iglise qui est arse (7).

Mais lorsqu'ils ne virent plus la sainte châsse qui renfermait le précieux voile dans lequel la Vierge avait été ensevelie et qu'ils appelaient

> . . . . la gemme
> Et la gloire de leur cité (8),

des larmes amères coulèrent de leurs yeux, et des cris lamentables se firent entendre. Hélas ! s'écriaient-ils,

> . . . . ceste desconvenue
> Est par nos peschiés avenue.

(1) *Lei,* laïcs.

(2) *Cuers,* cœurs.

(3) *Miracles de Notre-Dame de Chartres,* par Jehan Le Marchant, poème du xiiie siècle, publié par G. Duplessis, Chartres, 1855, p. 21.

(4) *Acertes,* à comparer.

(5) *Ert,* était.

(6) *Maumise,* ruinée.

(7) *Arse,* brûlée.

(8) *Miracles de Notre-Dame de Chartres,* p. 27.

> C'ert la gloire et la dignité
> Et l'enneur de nostre cité
> La lumiere et le miroer
> De Chartres et dou terroer (1)
> Et de toute la region ;

celle qui a triomphé des Normands, et qui chaque jour nous délivrait de nos maux.

> Puis qu'avon perdu tel trésor
> Qui valoit plus qu'argent ne qu'or,
> James niert ne leus ne mestier (2)
> Qui nous refassien le moutier (3),
> Puisque est periz le saintuaire,
> Ne nous porroit soair (4) ne plaire ;
> Aussi ce n'est mie resons
> Que nous refacien nous maysons,
> Mais en releisson la cité
> Qui a perdu sa dignité
> Et l'enneur et la seignorie
> Par quoi el estoit embellie (5).

Le cardinal-légat du pape, Mélior,

> Sages clercs et de grant renon

qui se trouvait alors à Chartres, assembla l'évêque et les clercs, et leur adressa ces paroles :

> . . . Biaus seigneurs, par venchance
> De Dieu est ceste meschance (6)

(1) *Terroer*, territoire.
(2) *Mestier*, besoin.
(3) *Moutier*, église.
(4) *Soair*, rester.
(5) *Miracles*, p. 23.
(6) *Meschance*, mauvaise chance, malheur.

Avenue, moult aspre et moult dure .
Iceste grant mesaventure
Est par vous pechiez avenue
Quant votre iglise avez perdue.
En jeunes et en oraisons
Devon estre, qu'or est sesons (1)
Que nos soions en pénitance,
C'est une chose qui moult avance
A commencier toute oevre humeine
Et a perfection la meine :
Prions Dieu et sa chiere mère
Que la leur sainte aie (2) apére (3)
Que puisse estre apareilliée (4)
L'iglise qui est domaigée :
Bien veez (5) la necessité,
Ne convient treire autorité
Ne vos longuement sermonner,
Boene essample devez donner
Au lais (6) de commencier ceste oevre
Bon loier (7) atant qui bien oevre.
En tel oevre redefler
Convient les borses deslier
Et voidier poches et sacons (8)
Por loer ovriers et macons
Qui sache bien et tout ovrer.
Por ceste perte recovrer
Nus ne seu doit arrière treire

(1) *Quar or est sesons,* car maintenant il est temps.
(2) *Aie,* aide.
(3) *Apére,* apparaisse.
(4) *Apareilliée,* reconstruite.
(5) *Veez,* voyez.
(6) *Lais,* laïcs.
(7) *Loier,* salaire.
(8) *Sacons,* sacs.

> Ainz doit chacun por cest afeire
> Abandonner et mueble et rente
> Et argent et vessellemente (1) :
> Por achever ceste besoigne
> Tretout abandonner besoigne.

Ce discours fit une telle impression que

> . . . Li evesques et li chanoine
> Sans alonge querre naloigne (2)
> De eidier i efforcieement
> Et s'otroièrent (3) bonement
> Que il mestroient volentiers
> Dusqua. iij. ans tretous (4) entiers
> De leur rentes bien grant parties
> Mes que retenissent leur vies.
> A ce tretuit se consentirent
> Et si com promistrent le firent (5).

Quelques jours après, des cris de joie retentirent cependant dans la ville ; la sainte châsse, dont les pieux habitants déploraient la perte, venait d'être sauvée par le dévouement de quelques clercs qui s'étaient réfugiés dans la crypte, et qui ne devaient leur salut qu'à la protection du ciel. Le légat convoqua

> Tout le pueple de la cité
> En la place. . . . . .
> Ou l'iglise avoit esté :

L'évêque et le doyen du chapitre portent sur

(1) *Vessellemente,* vaisselle.
(2) Sans chercher retard ni délai.
(3) *S'otroièrent,* s'engagèrent.
(4) *Tretout,* tous.
(5) *Miracles,* p. 24.

leurs épaules la sainte châsse que Chartres vénère
et sous laquelle ont passé tant de pélerins ; les
cris redoublent, l'enthousiasme et l'allégresse rè-
gnent dans l'assemblée.

> Tout a terre s'agenoillèrent
> De ioie et de pitié plorèrent
> Et loèrent o vois ioieuse
> Dieu et sa mère glorieuse
> Qui la scinte chasse ennorée
> Avoient dou feu delivrée (1).

Le cardinal-légat parle avec tant d'éloquence, que
ce pauvre peuple, dont les maisons sont incendiées,
s'engage à rebâtir l'église de Marie.

> Lors pristrent tretuit a promestre
> Dou leur agent donner et mestre
> En feire riche iglise et noble
> Clers et borjois et rente et mueble
> Abandonèrent en aie (2)
> Chascun selon sa menantie (3).

> A commencer l'oevre se pristrent
> Et quant qu'il fu mestier i quistrent (4) ;
> Chars firent charpenter et feire
> Por les pierres porter et treire,
> Quil en ert besoing et mestiers :
> Li meneterex de mestiers
> De treire au chars si s'esmovoient
> Tretoz les iors et si treoient
> Tuit de boen gré et volentiers ;

(1) *Miracles,* p. 27.
(2) *Aïe,* aide.
(3) *Menantie,* fortune.
(4) Et cherchèrent tout ce dont ils avaient besoin.

L'eu quist macons et charpentiers
Por ouvrer de pierre et de fust (1) ;
Mes ia riens soffisant ne fust,
N'aide que li lei feissent
Se dusque trois ans ni meissent
L'évesque et li clers en aie
De leur rentes une partie
Bien largement, bien convenant. . . .
Quant ces trois ans furent passez
Ne porent pas paier assez
Li mestre de loevre aus ouvriers,
Car ia failloient (2) les deniers.

La haute dame glorieuse
Qui voloit avoir merveilleuse
Iglise et haute et longue et lée (3),
Si que sa per (4) ne fu trovée
Son douz fils pria doucement
Que miracles apertement (5)
En son iglise a Chartres feist
Que touz le pueples le veist
Si que de toutes pars venissent
Gens qui offerendes tant feissent
Que achevée fust s'iglise
Qui estoit a feire emprise (6).
Li rois des rois, li tous poissans
Fu a sa mère obéissans,
Doucement oï (7) ses prières. . . .

(1) *Fust*, bois.
(2) *Failloient*, manquaient.
(3) *Lée*, large.
(4) *Per*, pareille.
(5) *Apertement*, publiquement.
(6) *Emprise*, entreprise.
(7) *Oï*, entendit. *Miracles*, p. 31.

1.

Réjouissez-vous, pieux habitants de Chartres, s'écrie le poète Guillaume Le Breton ; cette église, que les flammes ont dévorée, n'était pas encore digne, avec tous ses ornements, d'être appelée la *maistre maison de Marie*. Le feu n'a point été pour vous un élément destructeur, mais une occasion providentielle d'élever le plus auguste temple de l'univers à la reine des cieux (1).

L'évêque de Chartres a fait appel à son peuple et demandé des matériaux, des ouvriers et des vivres. Ses prêtres vont parcourir les bourgades, pénétrer dans des provinces éloignées, portant de saintes reliques ; les pieux fidèles s'empresseront de verser de beaux deniers et de traîner des charriots chargés de vivres et de matériaux.

(1)　　*Ut causam* fabricæ daret illa ruina futuræ
　　　Cui toto par nulla hodiè splendescit in orbe...
　　　　　　　　　　　　　La Philippide, liv. IV.

II.

CONSTRUCTION DE NOTRE-DAME DE CHARTRES

AU XIIIe SIÈCLE.

... Vindrent gens de totes pars...
Et par voies et par chemins
Que c'estoit une grand merveille.

(*Miracles de Notre-Dame de Chartres*, p. 40.)

Les routes qui conduisent à Chartres s'encombrent de pélerins et d'ouvriers qui viennent à la voix des prêtres, contribuer de tout leur pouvoir à la reconstruction de la cathédrale. Ce que vous rencontrez partout, au commencement du xiiie siècle, ce sont des charriots sur lesquels les pauvres habitants des bourgs transportent des pierres et du froment. Dans les villages, au pied même de l'odieuse tour féodale, tous se sont ebranlés ; la voix solennelle de l'église s'est fait entendre, promettant des indulgences à ceux qui répondront généreusement à son appel, et menaçant de ses anathèmes ceux qui oseront piller les convois.

Le pueple de Chetiaulandon (1)
Ou terrouer de Gatinais

(1) Château-Landon, dans le département du Loiret.

Homes et fames demenais (1)
Pouvres et riches. . . . .
. tuit ensemble s'acordèrent
Come gens pleins de charité
Et par sarmons amoneté (2),
Cun char de froment chargeroient
Qu'à Chartres tot chargie meneroient
A aide à l'iglise feire,
Au char se pristrent tuit à treire.

Arrivés à Chante-Reine, près de Chartres, nos bons pélerins remarquent, mais un peu tard, qu'il ne leur reste aucune provision. Les habitants du village se trouvaient alors dans une grande détresse et ne pouvaient vendre que quelques pains. « La vierge ne voulut point délaisser, dit la chronique, ceux qui venaient si généreusement lui apporter du froment (3). Les pains se multiplièrent si grande- ment qu'ils suffirent

Au pueple repeitre

et que les vendeurs furent émerveillés de recevoir bon nombre de deniers et de retrouver dans leurs corbeilles autant de pains

. . . comme avoient devant. . .

Le lendemain, dès l'aurore, les habitants de Châ- teau-Landon se mirent en route,

Blé et autres dons offrirent
A Chartres à liglise fere (4).

(1) *Demenais,* ensemble.
(2) *Amoneté,* avertis.
(3) S. Rouillard, *Parthénie,* pag. 228.
(4) *Miracles,* pag. 67.

et racontèrent le miracle au peuple de la cité.

Bien loin, traînaient eux-mêmes leur charriot de froment, les bons habitants de Pithiviers en Gatinais, qui avaient voulu fournir quelque chose à l'exemple de ceux de Château-Landon. Arrivés près du Puiset,

Las. . . . et travailliez
ils virent venir à leur rencontre

Hommes et fames. . . . .
Tuit de la ville. . . . . .

qui les prièrent de se reposer quelque temps, tandis qu'eux, *frais et entier,* traîneraient leur charriot. Mais nos pélerins répondirent :

. . . . Cist (1) afere
Mie ne vos otroieron
Par nous seus (2) nostre char treiron
Einsi com nos l'avons enpris
Ne volon pas estre repris
Que por un petit davantage
Perdein nostre pelerinage ;
De vostre aïe vos mercion (3).

Les habitants du Puiset, touchés de ce noble refus, prient les pélerins d'accepter

Un tonneau de bon vin. . . .

Ceux-ci, que la fatigue accable, acceptent le don, boivent le vin *clerc et savore,* remercient les habi-

----

(1) *Cist,* cette.
(2) *Seus,* seuls.
(3) *Miracles,* pag. 75.

tants du bourg, et, s'attelant à leur charriot, s'acheminent vers la ville de Chartres. Mais ils n'ont pas fait quelques pas que les gens du Puiset les rappellent :

> . . . Seigneurs, veez merveille
> Si grant que onques sa pareille
> En vostre vie ne veistes,
> Que Dex (1) a fet par vos mérites
> Por le vin que avés beu
> Nouviau vin est sors et creu....
> Quant cil miracle espert virent
> Tuit ensemble grant joie firent
> Dex et sa mère mercièrent....
> Dou seint vin aucun malade
> Furent gari et respasse
> De meinte griève enfirmeté....

Les pélerins joyeux et touchés de ce prodige

> Au char se pristrent de rechief
> Por leur besoigne treire à chief

et tirèrent avec tant d'ardeur qu'ils arrivèrent promptement à Chartres. « En apprenant ce miracle, chacun leva les mains au ciel et se persuada que l'incendie de l'église n'avait été qu'un fanal choisi pour manifester la gloire de Marie (2). »

Les habitants de Bonneval, près de Châteaudun, exhortés par les fréquentes allocutions de leur prêtre, chargent quelques charrettes de chaux et quittent leur bourg pour se rendre à Chartres. Quelques

(1) *Dex*, Dieu.

(2) *Parthénie*, pag. 230.

heures après, le ciel si pur, si serein, se couvre tout-à-coup de nuages épais. Le vent souffle avec violence, le tonnerre gronde, les éclairs sillonnent les nues, la pluie tombe en gouttes larges et pesantes. Les pèlerins effrayés abandonnent leurs charrettes et laissent assise sur la chaux une pauvre paralytique qui se rendait à Chartres pour y implorer la protection de Marie. L'orage dissipé, les habitants de Bonneval sortent de leur retraite et s'avancent sur la route pour conduire leurs charrettes. Mais quelle n'est point leur surprise lorsqu'ils les voient se mouvoir d'elles-mêmes et qu'ils retrouvent la pauvre paralytique pleine de vie, toujours assise sur la chaux que l'eau n'a point consumée. Touchés de ces prodiges, les pèlerins

> Dieu et sa mère en mercièrent
> Leur besoigne parachevèrent (1).

« Les habitants de Corbeville sur l'Eure, esmeus de pareille dévotion que les autres, qui de près et de loing, alloient faire leurs offrandes à la dicte église, pour servir à sa reconstruction, chargèrent leurs charrettes »

> De lons très (2) et grous merrien.

Vers le soir, lorsque nos pèlerins recherchaient *héberge*, un d'eux, voulant retirer sa *souquenie* (3),

---

(1) *Miracles,* pag. 80.
(2) *Très,* pièces de bois.
(3) *Parthénie.* p. 233.

placée sur une charrette, soulève une hache qui lui coupe trois doigts dans sa chute. Le pauvre pélerin pousse des cris lamentables, appelle ses compagnons qui viennent

> Plein de douleur et de pesance

et lui conseillent de trancher totalement ses trois doigts qui ne tiennent plus qu'à une petite peau. Mais le bon prêtre, qui suivait ses paroissiens, lui défend de les trancher et veut qu'on le conduise dans une hôtellerie pour le faire panser. Le pauvre blessé refuse tout secours et déclare

> Que sous le char ostel prendra
> La miséricorde Dieu atendra
> Et le conseil et la vitoire
> De la douce dame de gloire (1).

Le lendemain, dès l'aurore, ses compagnons l'aperçoivent debout devant sa charrette, proclamant sa guérison miraculeuse et chantant les louanges de la Vierge. Les pélerins, joyeux et émus, se remettent en chemin avec tant d'empressement

> Qu'à Chartres vindrent o (2) grant joie
> En l'iglise qui la mont joie
> De paradis estre resemble
> Entreirent tuit joieus ensemble....
> O foi et o devocion
> Rendirent graces a la dame
> Qui est salu de cors et d'ame.

(1) *Miracles,* p. 94.

(2) *O,* avec.

Les habitants de Batilli en Gatinais (1), exhortés par leur prêtre, chargent quelques charrettes de froment pour le donner aux ouvriers de l'église de Chartres. La veille de l'Assomption, une jeune fille tombe dans un puits du bourg. Sa mère, surprise de son absence, interroge ses voisins, et, présageant bientôt un malheur, se dirige vers le puits. Ses cris sont entendus, sa fille revient saine et sauve, protégée par la dame de Chartres (2). Touchés de ce prodige, les habitants de Batilli

> La pucelle en leur bras seisirent,
> A Chartres l'ont o euls menée,
> Graces à la dame rendirent,
> Leur dons et leur offrendes firent,
> A toz contèrent l'aventure (3).

Tous ces miracles, vus par les pélerins et racontés par les ouvriers et par les habitants de Chartres, ne tardèrent pas à être connus des contrées voisines et des provinces les plus éloignées. La renommée de l'église de Chartres s'étendit même dans les royaumes, au-delà des mers. Dans la Beauce, chaque bourg voulut fournir quelque chose. Ceux qui ne possédaient aucune carrière de pierre, aucune pièce de bois, s'empressèrent de charger leurs charrettes de froment : ceux dont les moissons n'étaient pas abondantes amenèrent de la chaux ou

(1) Commune de l'arrondissement de Pithiviers (Loiret).
(2) *Parthénie,* pag. 234.
(3) *Miracles,* p. 101.

offrirent quelques deniers. Il y avait plaisir à voir cette ardeur avec laquelle chacun voulait contribuer à la reconstruction de la basilique. Sur les routes, on ne rencontrait que charrettes traînées par d'humbles serviteurs de Marie ; à l'entrée des villages, sur le passage des pélerins, on voyait stationner des malades, des aveugles, des muets et des paralytiques qui ne demandaient, pour toute faveur, que d'aller

> **A la seinte chasse touchier (1).**

S'il y avait des gens qui n'avaient eu d'abord nulle envie de partir, en entendant le récit des prodiges opérés par l'intercession de la bonne dame de Chartres, ils chargeaient bien vîte leurs charrettes et suivaient les convois. Riches et pauvres, tous accouraient avec leurs présents, de sorte qu'il semblait, dit le bon Sébastien Rouillard, que l'argent vînt aux ouvriers plutôt par main divine que de bourse humaine.

Des Bretons qui s'étaient établis à Chartres, et qui se composaient de

> . . . . . prestre et clerc et lei (2).

se rassemblèrent et promirent de transporter

> **Charge de pierre, à leuvre feire**
> **Si com les autres gens fesoient.**

Ils sortent donc un soir de la ville et se mettent

(1) *Miracles,* p. 121.
(2) *Miracles,* p. 103.

en route pour accomplir leur tâche. Le soleil bientôt disparaît de l'horizon, de gros nuages succèdent à ses rayons, de sorte qu'une nuit obscure surprend nos pauvres pélerins qui, perdant tout sentier, s'égarent dans les vastes plaines de la Beauce. La frayeur s'emparait déjà des Bretons, lorsque

> . . . . **Dex envoia**
> **Trais brandons de feu qui ardoient,**
> **En l'eir desus le char pendoient....**
> **Com il fist les filz Israël....**

Joyeux et émerveillés, les serviteurs de Marie regagnent la route de Chartres, dont ils aperçoivent bientôt *l'iglise et la tor*, et viennent déposer leurs offrandes en publiant le prodige dont ils ont été les témoins.

L'élan des populations devint en quelque temps général ; tout le monde accourut, les grands et les petits, les femmes et les enfants. Chacun s'empressait, dit un chroniqueur, de coopérer de toutes ses facultés à la construction de la cathédrale. Le peuple simple et primitif ne pouvait résister à tant de prodiges qui s'opéraient tous les jours dans les bourgades ou devant la sainte châsse. La foi ne calculait point froidement ce qu'il en coûterait de sueur, de fatigue et de deniers ; le peuple ne voulait que le salut de son âme et croyait l'obtenir par ses travaux entrepris pour la gloire de Marie.

Il paraît, dit le même chroniqueur, que le premier miracle qui réveilla le zèle des populations fut la guérison d'un jeune enfant du Perche. « Ce pauvre enfant avait surpris quelques intrigues dans un château de la contrée. Le seigneur, qui n'était pas homme à se laisser perdre dans l'esprit des chevaliers, coupa la langue de son innocent témoin. Le malheureux s'enfuit et vint à Chartres où, dénué de tout secours, il mendiait son pain

> Comme povre et comme orphelin (1).

Le mercredi de Pâques il entra dans l'église,

> Devant l'autel s'agenoilla
> De lermes sa face moilla....

et obtint la parole par l'intercession de la vierge Marie.

> De la cité tuit acorurent....
> De joie et de pitié plorèrent
> La douce dame mercièrent....
> Si fu porté dehors le cuer
> Pres de la chasse Seint Lebin (2)....

> Le jor de pentecoste emprès
> La douce dame debonneire
> Qui voloit la chose parfeire
> Fist le miracle estre double,
> . . . la langue a lenfant trenchiée
> En celui jor. . . . .
> Fu de char novelle et entiére
> En tel point et en telle manière
> Comme elle avoit onques esté. . . . .

> Lors vindrent gens de totes pars
> Qui en charrestes et en chars,

(1) *Miracles,* p. 35.
(2) *Seint-Lebin,* Saint-Lubin.

Grans dons a l'iglise aportoient,
Qui a leuvre mestier avoient ;
Froment aportoient li un
Li autre aveine, orge et li un
Fer et plon estret de minières (1)
Et metal de toutes manières,
Li autre vins blans et vermaus (2),
Li autre enneaus d'or et fermaus :
D'autre part revenoient gent
Qui offroient joieaus d'argent
Hennas (3) coupes, vessellemente
Et len metoit tretout en vente
De tout ce trait len a deniers
Qui departoient aus ouvriers
Dont ils avoient grant plenté (4)
Et ovroient (5) de volenté,
Car il avoient bonne poie (6) :
Dieu leur avoit ouvert la voie
Ou il estoient avoie,
Et chascun jor estoient poie.

Tant y venoit de pelerins
Et par voies et par chemins
Que c'estoit une grand merveille,
Chacune nuit fesoient veille
Et en avoit tant en l'iglise
. . . que li clerc qui a matines
De nuit a l'iglise venoient
Entrer ou cloitre ne poaient :

(1) *Minières,* mines.
(2) *Vermaus,* rouges.
(3) *Hennas, hanap,* coupe.
(4) *Plenté,* abondance.
(5) *Ovroient,* travaillaient.
(6) *Poie,* paye.

> De tot entor la region
> Venoient a procession
> Les provoires (1) parroissiaux
> La menoient grans tropeaux
> O eus de leur parrossiens,
> Geunnes ensemble et anciens. . . (2).

Une pauvre paralytique de Prunai (3) avait perdu tout espoir de guérison, lorsqu'elle supplia son mari, d'après une vision, de la conduire à Chartres.

> Ce fut un jor de samedi. . .
> Cil qui l'amenèrent la pristrent
> Entre leur bras et si la mistrent
> Droit devant l'autel Notre-Dame.
> Illec se jut (4) la povre fame
> Et fist sa supplication
> O foi et o devocion. . .
> Toute l'enfermeté (5) cessa. . .
> . . tous cil qui sorent et virent
> Le miracle plus s'enhatirent
> A porter quant que eri mestier
> A fere l'oevre et le monstier.

> Par ce miracle et par autex (6)
> Furent fez pillers et autex,
> Fundemens, vostes et mesières (7).

(1) *Provoires,* curés.

(2) *Miracles,* pag. 40.

(3) Prunay-le-Gillon, commune de l'arrondissement de Chartres.

(4) *Se jut,* se coucha.

(5) *Enfermeté,* infirmité.

(6) *Autex,* semblables.

(7) *Mesières,* cloisons. *Miracles,* pag. 47.

S'il faut en croire les chroniques, plusieurs autres
prodiges furent opérés dans la cathédrale de Chartres. On raconte qu'un samedi soir, lorsque les
complies furent terminées, l'église se trouva tout-
à-coup illuminée d'une éblouissante lumière. Tous
les assistants en furent émerveillés, les cierges

> . . . . qui cler ardoient (1)
> Toute leur clarté en perdirent.

Un bruit véhément se fit entendre, les fidèles
crurent qu'en ce jour la Vierge était venue visiter
son église et la sanctifier (2).

Le Chapitre, pour subvenir aux frais de cette église
si digne de la reine des cieux, avait envoyé

> Par meint païs, par meinte terre,
> Por porchacier (3) aie et querre
> A fere l'iglise. . . : .
> Pardon de Rome lestres et chartres,
> Portoient et si sermonnoient,
> Les gens de doner semonoient (4)
> A l'iglise de Chartres fere. . .

Un jeune anglais, sortant des écoles de Paris,
suivait la route de Soissons pour se rendre dans sa
ville natale. Arrivé dans la première cité qu'il ren-

---

(1) *Ardoient,* brûlaient.

(2) *Miracles,* pag. 106.

(3) *Porchacier,* chercher. Les comptes de l'œuvre de l'église de
Troyes constatent chaque année, dès le xıvᵉ siècle, la présence
d'un *questain,* ou quêteur de Notre-Dame de Chartres dans le
diocèse de Troyes.

(4) *Semonoient,* exhortaient.

contre, il entre par hasard dans l'église. *Un bon prêcheur,* monté dans la chaire, racontait en pleurant les malheurs de la cathédrale de Chartres, et touchait tellement le peuple par son éloquence que

> Chacun sa borse desnoet (1),
> . . offroit ce qu'il poet (2)
> Et les seintures brisoit. . .

Le jeune anglais auquel

> Li sarmons moult.... plesoit

ne possédait qu'un

> . . . fermail (3) d'or agraable,

qu'il destinait

> A une soe (4) chière amie
> Qu'il avoit longuement amée
> Et demoroit en sa contrée. . .

Il offre

> . . . . son fermail d'or
> De bon cuer, de bonne pensée
> A la douce Marie ennorée

et se met en route vers la mer pour s'embarquer sur un des navires qui stationnaient sur les côtes. Quelques jours après, il s'arrête sur le soir devant une modeste hôtellerie, et

> Demande por dieu herbergage (5).

(1) *Desnoet,* dénouait.
(2) *Poet,* pouvait.
(3) *Fermail,* collier, agrafe.
(4) *Soe,* sienne.
(5) *Herbergage,* logement.

L'hôte, qui avait de belles filles, n'ose recevoir ce clerc

> Bien fet de cors et de visage,

et lui offre un gite dans une grange. Le pauvre anglais, que la fatigue accable, se couche sur la paille et s'endort bientôt. Mais quelle n'est point sa surprise, lorsqu'au milieu de la nuit la grange se trouve tout-à-coup

> . . . de clarté enluminée

et qu'il voit trois femmes d'une éblouissante beauté, dont l'une lui montre son fermail d'or. A cette vue, le jeune clerc reconnaît la *Dame de Chartres*, la remercie, et lui promet de se consacrer à son service. Deux mois après il arrive à Londres, quitte ses parents et se retire dans une île déserte.

Le roi Richard, qui apprit ce miracle, conçut dès-lors une grande vénération pour l'église de Chartres. Il reçut avec bonté les *message* du Chapitre

> Et les lessa a leur devise
> Aler sarmouer par sa terre (1),
> . . . i. jor par humilité
> Porta li rois por vérité
> Sur ses espaules lui meismes
> Les hautes reliques seintismes (2)
> Qui dedens une chasse estoient
> Que li message o eus portoient. . .

Tandis que les dons abondaient de toutes parts,

(1) *Miracles,* pag. 141.
(2) *Seintismes,* très-saintes.

que les grands accueillaient avec empressement les *quêteurs* de Notre-Dame de Chartres, les ouvriers se mirent à l'œuvre avec cette force patiente qui triomphe de tout. Les travaux furent poussés avec tant d'activité que les pélerins virent s'élever, en moins d'un siècle, cette merveilleuse cathédrale avec presque toutes ses innombrables statues de saints, de rois et de docteurs, ses magnifiques verrières et ses fleurs de pierre. Saint Louis qui venait quelquefois à Chartres, nu-pieds, visiter le sanctuaire de Marie, qui avait fait élever à ses frais le splendide porche septentrional, qui avait même donné plusieurs verrières et fondé deux autels « pour le repos de ses ancêtres et le salut de son âme, » assistait à la solennelle dédicace de Notre-Dame, avec sa royale famille, le 17 octobre 1260, sous l'épiscopat de Pierre de Mincy. Le souverain pontife, sollicité par ce pieux monarque, et connaissant l'immense renommée dont jouissait à si juste titre la nouvelle basilique, accorda des indulgences à ceux qui la visiteraient depuis l'anniversaire de sa dédicace jusqu'à la fête de Noël (1).

Lorsqu'on contemple cette belle cathédrale, ce chef-d'œuvre du moyen-âge, qu'on admire ses voûtes si légères et si solides, soulevées à plus de cent pieds, ses innombrables statues dressées sur les portails, ses verrières où sont répandus à profusion le topaze, l'émeraude et le rubis, on se demande si l'histoire

(1) *Gallia Christiana,* T. VIII, p. 363.

a conservé le nom des artistes dont le génie créait de si merveilleuses choses. De vieux parchemins et des dalles tumulaires parlent encore de ceux qui construisirent les célèbres basiliques de Rouen, de Cologne, de Reims et de Strasbourg. On sait que l'artiste-clerc se sécularisait quelquefois comme Pierre de Montereau, avait femme et enfants comme Erwin de Steinbach, et que la plupart des maçons du xiii° siècle recevaient de beaux deniers. Mais à Chartres, dans cette ville où tout proclamait à cette époque la gloire de Marie, vous ne découvrez aucune trace des ouvriers de Notre-Dame. L'archéologue n'aura jamais pour documents authentiques que quelques signes gravés dans la pierre par les appareilleurs, et un seul nom, celui de Robin.

L'art, quoi qu'on en dise, n'avait pas encore tenté dans cet heureux temps de s'individualiser. Des populations entières, poussées par la toute-puissance de la foi, pouvaient seules commencer et mener de prodigieux travaux « à perfection. » Quand les flammes avaient dévoré une église, l'évêque appelait le peuple, lui accordait quelques indulgences, et le peuple accourait. C'était même une sorte de pélerinage qu'on entreprenait pour la rémission de ses péchés et pour obtenir des grâces spirituelles. Alors de l'intérieur des cloîtres sortaient des architectes et des artistes, et les travaux commençaient. Les habitants des campagnes amenaient les matériaux, les jeunes gens taillaient la pierre, et les maçons élevaient les gigantesques colonnes sous l'œil du

« maître de l'œuvre. » Non loin de l'église, quelquefois dans un monastère, les peintres-verriers coloriaient les vitraux, et les sculpteurs ciselaient les bas-reliefs et les statues. Les riches donnaient de bon cœur du bois, des pierres, souvent même des sommes immenses, de sorte que l'église s'élevait rapidement sur les ruines de celle que les flammes avaient consumée.

Ce qui excitait surtout, à Chartres, le zèle des ouvriers, ce qui les attirait, c'était leur tendre dévotion. D'abord ils s'enrôlaient dans une pieuse compagnie, prenaient le bourdon et s'acheminaient vers Notre-Dame, pour y visiter sa miraculeuse madone qui

> . . . . . fet fenir
> Dedenz ix iorz la maladie (1).

Arrivés à l'église, ils s'agenouillaient devant la *bonne dame,* passaient sous sa sainte châsse et ne voulaient point s'en retourner sans avoir fait quelque chose pour elle. Alors, déposant le bourdon pour prendre la truelle ou le marteau, ils travaillaient à la construction de la basilique. Les premiers venus, habiles ou non, devenaient statuaires. Lorsque la statue sortait d'un bon ciseau, c'était un chef-d'œuvre ; lorsqu'elle sortait d'un mauvais, c'était une mauvaise production. Le maître les recevait, les faisait également placer sur les portails parce

(1) *Poème des Miracles,* p. 3.

l'œuvre devait être poussée avec activité et qu'il **ne** fallait pas moins de deux à trois mille statues (1). Les pélerins séjournaient longtemps dans une ville, quelquefois même plus d'une année, et telle était leur ardeur que souvent ils travaillaient à la lueur des flambeaux.

Le bon Ellendard, receveur de la Fabrique de l'église de Strasbourg, nous a conservé dans un petit poème le récit touchant des miracles opérés par la vierge Marie, lorsque l'évêque entreprit la reconstruction de sa cathédrale. Les ouvriers devinrent si nombreux, qu'ils couvrirent de leurs loges les rives du Rhin et qu'ils se répandirent dans toute l'Allemagne (2). Au Puy, sur le mont Anis, « où Charlemagne vint prier l'Eternel de lui conserver l'empire par l'intercession de la miséricordieuse mère de Dieu, » les pélerins se disputèrent l'honneur d'orner le sanctuaire de Marie et d'embellir ses autels. Le pauvre et l'aveugle déposèrent leurs oboles, les riches leur superflu, et les hommes des champs les prémices de leurs moissons (3).

Ainsi s'élevèrent, à cette brillante époque des croisades et de la chevalerie, les plus belles cathédrales de France, celles de Paris, de Chartres, d'Amiens, de Reims et de Rouen, toutes dédiées à

(1) *Annales archéologiques*, 1845.

(2) *Essais historiques sur l'église de Strasbourg*, par Grandidier, pag. 42.

(3) Archives de la Haute-Loire. — *Pélerinage à Notre-Dame du Puy*.

la reine des cieux. Mais à l'église de Chartres presque seule appartient la gloire d'avoir excité l'admiration des poètes dès le milieu du xiii° siècle, et de nous rappeler plus complètement cet heureux temps. Il est vrai que ses saintes reliques et ses madones miraculeuses lui attirèrent de nombreux pélerins et lui valurent de grosses sommes ; mais ses fidèles paroissiens contribuèrent plus largement qu'ailleurs à sa construction et surtout à sa décoration. Si des rois et des seigneurs, hôtes assidus de sa sainte *grotte*, se plurent à faire élever de splendides porches, à les orner de belles statues, à décorer l'église de magnifiques roses et de verrières admirables, leur noble exemple fut suivi par toutes les corporations de la ville, depuis celle des orfèvres jusqu'à celle des portefaix (1).

(1) A ces corporations sont dues presque toutes les verrières de l'étage inférieur de Notre-Dame de Chartres.

COMPTES

DE

L'OEUVRE DE L'ÉGLISE DE TROYES

AU XIVe SIÈCLE,

CONSERVÉS AUX ARCHIVES DE L'AUBE.

— 1366 1388. —

CONSTRUCTION DE LA CATHÉDRALE DE TROYES.

Consumée par un violent incendie qui détruisit, en 1188, presque toute la ville, la cathédrale de Troyes ne se releva de ses ruines qu'au commencement du xiiie siècle, sous l'épiscopat de Hervée. Ce prélat, qui avait peut-être lui-même conçu le plan de sa basilique, fit pousser les travaux avec tant d'activité, qu'à sa mort, le 2 juillet 1223, le sanctuaire et les chapelles semi-circulaires qui l'environnent, excitaient déjà l'admiration de ceux qui les visitaient. Nicolas de Brie poursuivit l'œuvre de ce zélé pontife et continua le chœur jusqu'à la fenêtre sur laquelle les peintres-verriers ont représenté la vie de saint Nicolas, son patron. Urbain IV « qui, dès sa plus tendre jeunesse, avait fréquenté les écoles de la cathédrale » n'oublia point cette église, et accorda des indulgences à ceux qui contribueraient à sa reconstruction. Le chœur était entièrement achevé sous l'évêque Jean d'Auxois I, dont les armes sont peintes sur la bordure des deux premières fenêtres. La nef transversale s'éleva sous le règne de Philippe-le-Bel, et de son fils Louis X le Hutin. L'église se trouvait même suffisamment fermée vers 1364, car les chanoines reprirent, cette année, l'ancien usage de dire les matines au milieu de la nuit.

Mais qui avait élevé ce sanctuaire et ce chœur si splendides et si majestueux ? Nul ne le sait, car les artistes, à cette époque, travaillaient pour la gloire de Dieu, et ne laissaient à la postérité que la contemplation de leurs chefs-d'œuvre. Le premier architecte dont il soit fait mention dans les registres capitulaires, est Maître Thomas, se qualifiant de simple maçon, et conduisant les travaux pour la somme de trois gros et demi par jour en été, et de trois gros en hiver. Cet ouvrier vivait en 1365, l'année même où le clocher fut renversé par un tourbillon de vent, et causa un grand dommage à la croisée de la cathédrale.

Avec l'an 1366 commence l'histoire détaillée de la reconstruction de Saint-Pierre. Nous pouvons savoir ce qu'il en coûtait de sous, de deniers et de pintes de vin pour dresser le devis et le plan d'un magnifique jubé, pour passer marché avec les peintres-verriers, pour obtenir de la pierre de Tonnerre, et pour élever ces piliers et ces arcs que nous admirons. Les documents sont les comptes rendus par les marguilliers toujours membres du vénérable Chapitre. Les dépenses sont exactement soldées avec le produit des recettes. L'ordre le plus parfait règne dans cette comptabilité, le déficit ne se fait jamais sentir. La prudence est la vertu par excellence de messires les chanoines Champenois.

I.

Recettes.

Pour subvenir aux frais de l'achèvement et de la décoration de l'église, le Chapitre emploie les livres et les sous provenant de ses recettes. La livre vaut vingt sous et le sou douze deniers, mais pour ne point égarer le lecteur, il est bon d'ajouter que le boisseau de froment ne vaut que 1 sou 3 deniers.

La première recette se compose de dettes actives et de l'excédant des recettes de l'année précédente. Ainsi, dans le compte de 1388, nous lisons que messire Yves Simon, chanoine, doit, sur sa chappe, 38 sous 8 deniers, que Jehan de Braux doit 7 livres 6 sous 8 deniers, et que les marguilliers ont en caisse un excédant de 269 livres 4 sous 3 deniers.

Le Chapitre possède des maisons et des jardins qu'il loue chaque année. Michelin de Jonchery, maître maçon, occupe, en 1367, une de ces maisons « selon la volonté des chanoines, » et paie 37 sous 6 deniers par an, c'est-à-dire aussi cher que messire Evrard, prêtre et chanoine ; quelques années après, Henry de Bruisselles, l'architecte même du jubé, habite la belle maison de messire Thomas Belle, marguillier, pour la somme de 10 livres.

L'*apport* des reliques ne produit pas moins, en 1380, de 70 livres 10 sous 7 deniers ; le mois de mars figure pour la somme de 18 livres 7 deniers.

Des boîtes achetées chez un menuisier, et munies d'une bonne serrure, sont remises aux curés du diocèse le jour du synode, pour être placées dans les églises confiées à leur sollicitude. Tous les ans, ces boîtes sont ouvertes en présence des marguilliers par le serrurier, et le contenu sert à la construction de la cathédrale. D'autres boîtes sont placées dans les paroisses de la ville, qui n'en compte pas moins de dix : Saint-Jean, la Madeleine, Saint-Remi, Saint-Nizier, Saint-Aventin, Saint-Denis, Saint-Gilles, Saint-Pantaléon, Saint-Nicolas et Notre-Dame-aux-Nonnains.

Le produit de toutes ces boîtes s'élève à 140 livres ; celle de Saint-Gilles contient 41 sous 8 deniers, tandis que celle de Saint-Jean, cette paroisse des riches négociants, ne contient que 30 sous 4 deniers.

Saint-Pierre trouve encore des ressources dans l'écrin des reliques et dans le tronc placé au chœur. Ouverts chaque année par le serrurier du Chapitre, ils ne rapportent pas moins de 15 livres.

Le xiv siècle est l'époque des grands besoins de l'Eglise ; les populations, décimées d'abord par la peste, et bientôt par la guerre, ne travaillent plus avec la même ardeur à la reconstruction des basiliques. Les travaux avancent lentement, des quêtes sont faites pour trouver des deniers et payer convenablement les ouvriers. Nicolas Boucher se charge de la quête pour trois ans, et donne chaque année 20 livres à l'église de Troyes. Cette somme est modique et semble accuser les fidèles de parcimonie envers la maison de Dieu. Mais à la suite de ce quêteur, viennent, portant chacun une boîte et payant un droit au Chapitre, ceux de l'hospice Saint-Nicolas et de Saint-Antoine de Troyes, de Notre-Dame de Chartres, de Saint-Esprit de Rome, de Saint-Bernard de Montjoie, de Saint-Loup de Naud, près Provins, de Saint-Jean de Jérusalem, de Saint-Jacques du Haut-Pas et des Aveugles de Paris.

Les chanoines ont des rentes de froment, d'orge et d'avoine, recueillent quelques livres aux chapitres généraux, prêtent le poêle qui doit être mis sur le corps des trépassés moyennant quelques sous, et n'exigent pas moins de 13 livres 6 sous 8 deniers des nouveaux venus dans leur vénérable collége.

De nombreuses personnes laissent quelque chose à l'église. Ces donateurs sont quelquefois des curés, tels que ceux de Ceffonds et de Mergey ; tantôt des pelletiers, des parcheminiers, des merciers, des ménétriers, et tantôt de bonnes femmes des Noës et de quelques autres villages.

Aux livres et aux sous succèdent d'autres legs, de vieilles hardes, des houppelandes et des chaperons que viennent estimer des fripiers et qui sont vendus au profit de l'œuvre.

Tous les lundis, une messe du Saint-Esprit est célébrée pour les bienfaiteurs de la cathédrale. Des offrandes sont reçues et grossissent la caisse du Chapitre.

Des confréries établies depuis longtemps, surtout celles de Saint-Savinien, de Saint-Pierre et de Saint-Paul, et de Sainte-Marguerite, célèbrent dignement leur fête au son de l'orgue et de quelques instruments. Les bâtonniers et les confrères donnent bon nombre de cierges et de deniers.

La dernière recette, appelée *extravagante,* se compose de sommes qui n'arrivent pas annuellement, mais fortuitement. Ce sont d'abord des anniversaires célébrés pour le repos de l'âme de quelques évêques et de quelques chanoines, — des dons offerts au pied de sainte Marguerite, — des poulets donnés au Chapitre, — du plomb, de la pierre et d'autres matériaux vendus aux ouvriers et aux marguilliers des églises voisines, — des restitutions faites par les prêtres au nom de leurs pénitents, — de bonnes aubaines accordées par le roi de France qui veut contribuer largement à la décoration des églises de son royaume. Puis, ce sont de notables personnages qui donnent de magnifiques verrières, qui paient l'honneur de poser la première pierre du jubé, — des merciers et des marchands de *miracles* qui louent des étaux devant l'église le jour de sainte Hélène et celui de sainte Mathie, — des deniers provenant d'amendes auxquelles sont condamnés ceux qui travaillent sans permission le dimanche ou le jour d'une fête, — des sous versés par les paroisses dans l'église desquelles le Chapitre se rend processionnellement la veille ou le jour d'une fête patronale.

Les recettes s'élèvent à 700 livres en 1367 ; le roi de France, cette année, a généreusement donné 128 livres 15 sous 8 deniers. Voyons la destination de ces fonds déposés dans les mains des chanoines.

II.

Dépenses.

Les vénérables membres du Chapitre de la cathédrale ne doivent pas se servir de leurs recettes seulement pour achever la construction de leur église, mais encore pour subvenir à tous les frais nécessaires au culte. Parmi les dépenses communes, il faut citer d'abord le salaire du sonneur, de ceux qui, plusieurs fois l'année, nettoient l'église, surtout la veille des fêtes solennelles, celui de l'organiste et du chanoine qui paie les ouvriers, reçoit les quittances et écrit le compte de l'œuvre sur beau parchemin. Puis ce sont de nombreux anniversaires pour des évêques, pour des prêtres, des messes chantées « à diacre et à sous-diacre » des pintes de vin et des pains de provende donnés aux Cordeliers et aux Jacobins qui prêchent le jour de la fête de

saint Savinien et de sainte Marguerite, quelquefois
même la vie d'un saint qu'il faut écrire et envoyer
au *prêcheur* pour son sermon, car les confrères qui
célèbrent dignement leur fête avec ménétriers et
trompeurs, ne veulent entendre que le panégyrique
de leur patron (1).

Les boîtes du synode, dans lesquelles les fidèles
du diocèse versent des deniers, sont achetées chez
Pierreçon Lescuier, demeurant à Aix-en-Othe, et
ne coûtent pas moins de 25 sous le cent. « Le pain
à chanter au chœur est à la charge de l'église et de
Mᵍʳ l'évêque (2) ; les chappes et les chasubles sont
réparées et quelquefois refaites par des chasubliers
de Troyes.

L'horloge, placée dans l'église, près du chœur,
est fort endommagée ; Pierreçon de Saint-Marc, demeurant à Châlons, se charge de la *rapparillier*, et
reçoit 7 livres plus 5 sous pour le prix de son marché. Denisot refait les *ymaiges* des heures, écrit le
nom des douze mois de l'année, répare l'*ymaige* des
signes du zodiaque et de celui qui fit le premier
l'horloge. Guillaume de Varach écrit le calendrier
sur trois peaux de parchemin (3).

Jehan de Foignez *ajuste* les orgues, répare les
tuyaux pour 10 livres, et boit le vin de son marché
chez les Cordeliers. Satisfaits de son travail, les

(1) *Compte de l'œuvre de l'église de Troyes,* 1379-1388.

(2) *Compte de l'œuvre,* 1379-1380.

(3) *Compte de l'œuvre,* 1379-1380.

chanoines lui donnent 20 sous, et conviennent que cet artiste n'a pas estimé assez cher les réparations qu'il a faites (1).

Les livres sont enchaînés au chœur et à la sacristie. Messire Jehan Lamion note et enlumine les cahiers sur lesquels les choristes chantent aux fêtes annuelles. Maître Pierre Quatre Cornes relie les cahiers, les Collectaires et les Rituels. Jehan le potier fournit des fermoirs pour 25 bibles, pour les psautiers, les antiphoniers et les graduels. Guillaume de Varach écrit sur beau parchemin des messes au missel du grand autel (2). Le souverain pontife accorde des indulgences à ceux qui contribueront « à l'achèvement de l'église, » les bulles sont copiées par d'habiles écrivains et envoyées par des religieux dans les contrées les plus éloignées. Le Chapitre paie généreusement ses copistes et ses messagers.

La fête des fous se célèbre dans la cathédrale avec tant d'éclat que Marie la folle brise un des grands chandeliers de cuivre et la bonne croix. Jehan de Premierfait, orfèvre et parent de Laurent, premier traducteur de Boccace, refait la croix, nettoie les châsses dans lesquelles reposent le chef de saint Savinien et celui de saint Philippe, et répare les beaux encensoirs et les plats d'argent (3).

Au-dessus du maître-autel, orné de deux anges

---

(1) *Compte de l'œuvre*, 1381-1382.
(2) *Compte de l'œuvre*, 1379-1380, 1381-1382.
(3) *Compte de l'œuvre*, 1379-1380.

agenouillés, s'élève un magnifique dais ou *cincenier*, qui ne coûte que 43 livres 18 sous 8 deniers, parce que la femme Jacquot d'Aubeterre a fait don de 2 livres sur le prix d'une pièce de toile qu'elle a vendue. Plus loin, se dresse l'aigle acheté chez un marchand de Paris, par messire Jacques Cousin (1).

L'église s'achève lentement, quelques ouvriers, en 1366, travaillent sous la direction de Jehan Thierry, maître de l'œuvre. Thomas, auquel le Chapitre doit une robe, vient de descendre dans la tombe. La pierre est tirée des carrières de Sainte-Maure et de Tonnerre, les maçons sont chargés de l'extraire, de la tailler et de veiller au transport. Le chœur est complétement terminé, Jehan Thierry travaille « au grand arc du côté du palais épiscopal » et gagne 4 sous par jour. Ses compagnons Michel de Jonchery et Michel Hardiot, reçoivent le même salaire, tandis que Guiot Malprouve, simple manœuvre, ne gagne que 2 sous 6 deniers.

L'arc est achevé à la décollation de saint Jean-Baptiste ; les maçons dressent un gros pilier et un grand arc « du côté des greniers de l'église » et s'adjoignent quelques ouvriers de bras. Jacquemard fournit les crampons et tout le fer nécessaire à la construction, maître Felisot couvre la nef et les arcs au-dessus de la chapelle Saint-Michel, et fait de nombreuses réparations sur les chapelles autour du chœur.

(1) *Compte de l'œuvre*, 1383-1384, 1386-1387.

Les chanoines, pour faire activer les travaux, donnent à Pâques 6 livres aux maçons, et envoient à Michel Hardiot, le jour de son mariage, 6 pains et 6 pintes de vin. Le peintre-verrier qui répare les verrières se nomme Guillaume Brisetout (1)!

Quelques années après, Jehan Thierry répare la rose du portail nord ; Richart, le serrurier, fournit le fer pour la verrière « en laquelle est la vierge Marie » et pour celle « que a fait verrer Robert Damance, trésorier de Monseigneur de Bourgoine (2). » Guillaume Brisetout pose des verres blancs et « du verre *ymaginé* (3) » à la troisième fenètre « devers le pavement (4) à la partie devers la ville » et à la rose du portail nord. Le verre blanc coûte 4 sous le pied, et le verre peint 12 deniers de plus. Guillaume en fournit pour la somme considérable de 194 livres 7 sous (5).

Deux ans après, en 1378, Jehan Thierry pose « les barres et les montans en la fenètre où sont le Sauveur, saincte Hélène et saincte Mastie ymaginés » et aide les verriers à mettre « les barreaux » aux deux petites fenètres au-dessous de la rose du portail nord. Plus tard, dans la semaine qui suit le troisième dimanche de carême, il fait la fenètre « en

(1) *Compte de l'œuvre,* 1366-1368.

(2) Philippe-le-Hardi, duc de Bourgogne.

(3) *Ymaginé,* peint.

(4) *Devers le pavement,* du côté du pavé ou de la rue.

(5) 1375-1376.

laquelle est ymaginé Monseigneur Sainct Jehan évangéliste » et met lui-même le verre. Guillaume Brisetout quitte la ville de Troyes, « ses vallets » posent des verres à la fenêtre « en laquelle sont le Sauveur, saincte Hélène et saincte Mastie, à celle en laquelle est ymaginée la gessine Notre-Dame (1) » aux six petites fenêtres du portail nord, et fournissent le verre pour celle « en laquelle est ymaginé Monseig. S. Jehan évangéliste. » La femme de Guillaume Brisetout se plaint devant le Chapitre de la perte qu'elle éprouve « à tenir les vallets » depuis le départ de son mari ; les vénérables chanoines lui accordent 100 sous et en donnent 10 « aux vallets verriers » pour que l'ouvrage soit parfaitement exécuté (2).

L'année suivante, Jehan Thierry pose le fer « du ront de la verrière où est la résurrection de N. S. » nettoie avec Guiot Malprouve « les gargoles autour du cuer (3) » et « massonne en ladite Roe par devers la court l'official (4) » avec Jacquot, son gendre. Le 26 janvier 1379, le Chapitre fait visiter la maçonnerie de la rose et celle de toute l'église, par Droet de Dampmartin, maçon, demeurant à Paris, rue de Joigny, vers la porte Baudet, et par deux autres maçons de la même ville, et leur donnent 4 livres.

(1) *Gessine Notre-Dame,* accouchement de la sainte Vierge.
(2) 1378-1379.
(3) *Cuer,* chœur.
(4) Rose du portail du midi, du côté de la cour de l'officialité.

Jehan de Damery, verrier, veut entreprendre d'importants travaux à l'église de Troyes, mais son ouvrage est « condamné » par les ouvriers « pour non valable. » Dreve de la Marche (1), qui le protége, promet de rendre au Chapitre les 24 livres 14 sous, que ce peintre-verrier redoit, s'il ne peut les donner (2). Jacquemin, plus habile, obtient l'approbation générale et pose le verre « pour la forme du milieu de la rameure (3) par devers Chapitre en laquelle est l'*ymaige* de la résurrection N.-S. » Les chanoines lui accordent une gratification de 40 sous, ses vallets en reçoivent 5. Mais Jacquemin qui a fourni le verre pour 3 sous 4 deniers, perd une belle somme, et prétend qu'il n'est pas plus heureux que Guillaume Brisetout et Jehan de Damery. Le Chapitre, qui craint le départ de ce peintre-verrier, écoute favorablement sa plainte et lui donne 40 sous.

Denisot blanchit et nettoie les *ymaiges* du portail nord, en 1388 (4). Droin de Mantes refait « le dyadème de l'*ymaige* de Dieu » et les autres parties du bas-relief qui ont été brisées (5). La foudre tombe

(1) Dreux ou Drouin de la Marche, neveu de l'évêque Jean Braque.

(2) 1379-1380.

(3) *Rameure,* ramée, grand comble.

(4) Portail principal de l'église, avant la construction du portail de l'ouest.

(5) Ce bas-relief représentait Jésus nimbé avec les quatre animaux, tel qu'on le voit à Chartres.

le 9 juillet sur la « rameure de l'église ; » des cou-
vreurs, des maçons et d'autres ouvriers, éteignent
le feu et dînent chez Oudinot Naudot, aux frais du
Chapitre. La *rameure* est réparée, de bonnes personnes et messieurs les chanoines se chargent de
subvenir aux dépenses nécessitées par cette répa-
ration.

Michelin et Jehan Thierry présentent au Chapitre,
sur une peau de parchemin, le dessin du jubé qu'ils
désirent construire. Henry de Bruisselles veut con-
courir et montre son dessin aux bourgeois et aux
ouvriers de la ville, qui « le tiennent pour estre le
meilleur. » Henry fait venir de Paris l'architecte
Henry Soudan « pour marchander ledit jubé. »
Henry Soudan et Henry de Bruisselles passent un
marché, le 28 octobre 1382, pour la construction.
Les susdits maçons doivent travailler continuelle-
ment l'hiver et l'été, jusqu'à l'achèvement du jubé,
sans s'occuper des sculptures que les chanoines fe-
ront exécuter par Denizot et Droin de Mantes (1).
Henry Soudan et Henry de Bruisselles recevront un
mouton d'or ou 25 sous par semaine. Ils promettent
de donner « bonne caucion jusques à quatre cents
francs à Messieurs les chanoines, de faire bon ou-
vraige et loyal » et obtiennent une belle maison
« souffisante pour leur demourance. » Le marché

(1) Ces statuaires décorèrent le jubé de plusieurs médaillons
représentant les Pères de l'Eglise, et de deux statues colossales
de saint Pierre et de saint Paul.

est revêtu du sceau du Châtelet de Paris; Henry Soudan, Henry de Bruisselles et Marguerite, belle-mère du premier, s'engagent solidairement à fournir la caution (1).

Jacquemin, le verrier, remet l'année suivante un panneau « en la forme où est l'ymaige de sainct Berthemiel (2), » et fournit du verre de plusieurs couleurs, acheté chez Lambinet. Michelet, le son-neur, se blesse « à cheoir ou gros clochier » et reçoit 20 sous « pour luy faire garir. »

Monseigneur l'évêque Pierre d'Arcis pose la pre-mière pierre du jubé le 22 avril 1385, et donne 100 sous; messire Thomas de Braux paie 5 sous l'honneur de poser la seconde (3). Thomas le Chat, serrurier, fournit le fer pour le jubé, et se récrie lorsque Messieurs les chanoines réduisent son mé-moire (4).

Henry de Bruisselles et Henry Soudan travaillent au jubé, en 1386, avec plusieurs vallets et le maçon Jacot Mignart, auquel le Chapitre prête, le 5 août, 9 francs 9 sous. Les maçons vont à Tonnerre pour chercher de la pierre, et obtiennent une gratification

(1) *Comptes de l'église de Troyes,* 1375-1385, publiés par M. Gadan. Troyes, 1851, pag. 17.

(2) *Sainct Berthemiel,* saint Barthélemy.

(3) *Comptes de l'œuvre,* 1384-1385. Bibliothèque impériale.

(4) Thomas prétend que sept cent quarante-une livres font vingt-sept pois et douze livres, le pois valant 27 livres. Le Cha-pitre ne l'écoute pas, et ne lui paie que 35 sous 13 deniers. 1384-1385.

de 10 sous par semaine. Thomas le Chat ferme, après Pâques, la maçonnerie du jubé.

Les « coulons (1) » entrent dans l'église, un compagnon se vante de les chasser, reçoit 15 deniers et « ne fait rien. » Le vent souffle avec violence et brise les verrières. Les coulons pénètrent partout, Jacquemin répare promptement le désastre. La neige et la pluie tombent en abondance, les ouvriers s'arment de pelles et de balais, et travaillent même la nuit à la lueur des chandelles.

Henry de Bruisselles, qui s'est marié dans la capitale de la Champagne, jouit d'une grande considération et obtient souvent l'honneur d'une consultation dans les travaux entrepris par la ville (2).

Bien des gens se figurent encore la France d'autrefois couverte d'une foule de maçons non salariés, qui, voués au travail pour l'amour de Dieu, auraient, en un moment d'enthousiasme, construit tous ces édifices dont s'enorgueillissent aujourd'hui nos grandes villes et même quelquefois les derniers hameaux. Mais si de généreux paroissiens contribuaient, au moyen-âge, si largement à la construction de leur église, les ouvriers, comme les comptes le prouvent, ne se mettaient à l'œuvre que pour une bonne somme. Le *Poème des Miracles* constate ce fait dès le xiii⁰ siècle. Les maçons du temps passé, presque tous mariés et pères de familles plus nom-

(1) *Coulons,* pigeons, et probablement autres oiseaux.
(2) 1387-1388.

breuses que les nôtres, avaient, eux et leurs enfants, besoin de manger pour vivre. Cette nourriture coûtait de l'argent, et l'homme, dont la main inspirée élevait les voûtes et les clochetons de nos vieilles églises, se faisait payer comme un prosaïque maçon du xixe siècle (1). Je veux bien admettre qu'à Chartres bon nombre de pélerins prirent la truelle ou le marteau, mais l'architecte, les maçons, les peintres-verriers et les statuaires, ne travaillaient *de volenté* que parce qu'ils *avoient bonne poie,* et qu'ils étaient payés chaque jour (2).

Dans chaque village du diocèse, l'œuvre était singulièrement recommandée au prône; de bonnes femmes s'empressaient de quérir quelques sous et quelques deniers pour gagner vingt jours d'indulgence octroyés par l'évêque. Les grandes dames sollicitaient quelquefois elles-mêmes cette faveur, et présentaient leur *tasse* aux fidèles assemblés dans l'humble église du village. Cette quête se trouve constatée dans les anciens statuts synodaux de la ville et du diocèse de Troyes, imprimés en caractères gothiques par Jehan Lecoq, en 1530.

Chascun dimenche doivent recommander les curez à leurs parrochiens l'oeuvre de l'église Sainct Pierre de Troyes en la manière qui s'en suyt :

J'ay commandement de par Monseigneur l'évesque de vous recommander chacun dimenche l'œuvre de l'église

<hr>

(1) *Voyage paléographique dans le département de l'Aube,* par M. D'Arbois de Jubainville, Troyes, 1855, pag. 48.

(2) *Poème des Miracles,* pag. 40.

Monseigneur Sainct Pierre de Troyes qui est la cathédrale église de ceste eveschie (1) et la mère de toutes les autres églises, là où on a prins (2) le sainct Cresme de quoi vous estes oings au sainct sacrement de Baptesme. Et pour ce chascun y doit avoir singulière dévotion et y faire du bien selon sa puissance. Et devez scavoir que tous ceulx qui bien y font ont cinq ans de pardon et vrayes indulgences et sont participantz de toutes les prières, messes et oraisons que on fait ès ordres mendians de l'éveschie de Troyes et en tous les couvens de l'ordre de Cîteaux et si sont absoulz de toute offence de père et de mère sans main mettre et doit chascun curé en son église ordonner aucune bonne femme pour quérir bien et diligemment pour ladicte œuvre. Et à icelle femme Monseigneur l'évesque donne et octroye pour chascun dimenche xx jours de vray pardon.

Terminons par ce touchant entretien du prêtre avec le fidèle mourant, prescrit par les mêmes statuts.

Comment le curé doit interroger son parrochien qui est au lict de la mort.

Mon amy, ne croyez-vous pas comme toujours avez creu tout ce que saincte Eglise croit? Doit répondre ouy.

Mon amy, voulez-vous pas mourir en la foy des chrestiens comme un bon catholique? Ouy.

Mon amy, demandez-vous pas pardon à Dieu vostre père créateur de tous les péchez que jamais vous fîtes? Ouy.

Mon amy, avez-vous pas ferme propos et bonne volenté d'amender vostre vie, si revenez au monde? Ouy.

Mon amy, prenez-vous pas en pacience la maladie que portez en estimant que vos péchez l'ont bien desservye.

(1) *Evechie*, diocèse.
(2) *Prins*, pris.

Et quant il plairoit à Dieu vous appeller, n'estes-vous pas délibéré le porter paciemment? Ouy.

Or, mon amy, puisque ainsi est, pardonnez à tout le monde, ne pensez plus aux biens du monde, ne aux honneurs ne aux plaisances. Pensez seullement à Dieu : recommandez-lui vostre âme, à la benoiste vierge Marie, aux benoistz anges et au patron de la parroisse et générallement à toute la cour célestielle qui leur plaise aujourd'huy batailler pour vous et vous conduire à la gloire de paradis.

Ainsi préparé au trépas, chaque paroissien laissait quelque chose à l'église, aux pauvres et aux ordres religieux, et prenait large part aux messes fondées pour le repos des bienfaiteurs de la maison de Dieu.

TABLE DES MATIÈRES.

—

TROYES, TYP. BOUQUOT.